Fred Kundert

Das neue Schlangenbuch in Farbe

Albert Müller Verlag
Rüschlikon-Zürich · Stuttgart · Wien

ISBN 3-275-00823-4. – 1/11-84. – Printed in Switzerland.

Layout	Rolf Kleinschnittger, Beratung Emil M. Bührer
Lithos	Fotolitho Neuenhof, Neuenhof/Baden
Druck	Zobrist & Hof AG, Liestal
Bucheinband	Großbuchbinderei Schumacher AG
Papier	Favora 135 gm^2 der Biber Papier AG

Wissenschaftliche Beratung: Dr. Konrad Klemmer, Forschungsinstitut Senckenberg, Frankfurt am Main.

Inhalt

Vorwort

Schlangen – nur schon das Wort allein – beschwört in den meisten von uns eine Art Faszination mit Gruseleffekt herauf und zeigt damit eine über Generationen hinweg verankerte emotionelle Reaktion. Vorurteile abzubauen gehört zu einem der schwierigsten Unterfangen, denn Vorurteile haben bekanntlich ihre Wurzeln in der Unwissenheit. Sie zählt denn auch zu einem der primären Faktoren, der die weitverbreitete Angst vor Kriechtieren verursacht. Das vorliegende Buch soll daher etwas mehr Wissen und Verständnis vermitteln: Werbung für unbeliebte Vertreter aus der Tierwelt.

Respekt soll man vor diesen hochspezialisierten Wesen, die mit einem der perfektesten Beutefangmechanismen ausgestattet sind, ruhig haben. Die beinahe hysterische Angst vor den Schuppenkriechtieren in unseren Breitengraden beweist jedoch leider eindeutig, daß dieses Verhalten anerzogen ist. Angst müssen wir nun wirklich keine haben, denn gravierende Unfälle mit freilebenden Tieren sind dank einer wirksamen medizinischen Versorgung schon seit Jahrzehnten nicht mehr zu verzeichnen.

Anders sieht dieses Bild freilich in den Ländern jener Kontinente aus, die eine Vielzahl der Giftschlangen beherbergen. Und doch: Von den rund 2700 verschiedenen Schlangenarten ist nur ein Sechstel giftig und nur etwa die Hälfte davon kann dem Menschen wirklich gefährlich werden. Festzuhalten bleibt, daß die meisten Unfälle aus Unvorsichtigkeit und Unkenntnis geschehen, denn Schlangen sind, entgegen allen anders lautenden Erzählungen aus dem Volksmund, recht scheue Tiere, die sich, wenn immer möglich, vor dem Menschen zurückziehen. Nur wer ein Tier überrascht, es in die Enge treibt oder, was bei solchem Aufstöbern gern passiert, totzuschlagen versucht, muß damit rechnen, daß sich das Tier auch zur Wehr setzen wird. Dennoch ist mit ihnen nicht zu spaßen und damit sei betont, daß Schlangen im allgemeinen, und ihre giftigen Vertreter im besonderen, keine Haustiere sind!

Die Zerstörung der Lebensräume in freier Natur stellt die gravierendste Bedrohung im Tierreich dar. Verständlicherweise sind davon nicht nur «attraktive» Tiere betroffen, sondern auch die vielgeschmähten Reptilien. Hinzu kommt, daß ihre Häute nach wie vor zu Millionen in der Lederindustrie verarbeitet werden und immer mehr ausgestopfte Schlangen als Feriensouvenir ein trauriges Ende nehmen. Als in ihrer Existenz bedroht gelten allein in Europa heute leider schon 23 Reptilienarten.

Auch wenn man Schlangen keine Sympathie entgegenbringen kann, so ist immerhin zu bedenken, daß auch sie für das biologische Gleichgewicht der Natur wichtig sind. Auf einige Vernichtungsaktionen gegen Giftschlangen beispielsweise folgten Mäuseplagen, die große Teile der Getreideernten zerstörten.

In den meisten Ländern jedoch, wo wirklich gefährliche Schlangen mehr oder weniger zahlreich vorkommen, begegnet man ihnen zwar mit dem gebührenden Respekt, meist aber mit ebensogroßer Gelassenheit. In Japan bringen Schlangenhändler die Tiere in die Dörfer, wo sie als Mäuse- und Rattenvertilger gekauft und in den Häusern freigelassen werden. Bei vielen Völkern und Kulturen galten Schlangen nicht nur als nützlich, sondern als glück- oder heilbringend, ja sogar als heilig.

Die Schlange ist im Laufe der Jahrhunderte in dieser Hinsicht wieder in Ungnade gefallen. Man muß sie nicht unbedingt mögen, sie jedoch ohne nähere Kenntnis einfach zu verurteilen, wäre sicher auch falsch.

Die nachfolgenden Seiten sollen ein wenig von der «Gruselschminke» abtragen, die ihr in der Vorstellung vieler Menschen noch immer anhaftet. Sie sollen zeigen, daß die Natur mit den Schlangen eine Tierart hervorgebracht hat, die seit Jahrmillionen selbst die unwirtlichsten ökologischen Nischen noch erfolgreich zu nutzen versteht. Es sind faszinierende fotografische Dokumente, verbunden mit prägnanter Information, die eine stumme und vielgeschmähte Kreatur bei näherem Betrachten in eine höchst ansprechende Schöpfung zu verwandeln vermögen.

W. Richard Spira

Faszinierende Welt der Schlangen

Keine andere Tierart wird vom Menschen so verabscheut und gnadenlos verfolgt wie die Schlangen. Nicht menschliche Gewinnsucht, nicht ihre Schädlichkeit (nur ein Sechstel von ihnen ist giftig) erklärt diese instinktive Abneigung. Warum wurde sie zum Symbol des Bösen? Die Schlange bewegt sich geräuschlos, ohne Beine fort. Sie hat eine gespaltene Zunge. Ihre Unfähigkeit, die Augenlider zu schließen, aber auch ihre verborgene Lebensweise, all dies regt die Phantasie der Menschen an. Sie wurde aber auch zum Symbol heilender Kräfte. Die *Aeskulapnatter* ist noch heute das Sinnbild der Ärzte. In vielen Kulturen wurde sie vergöttert. Daß Schlangen den Menschen aber auch faszinieren, zeigt sich in den Schauterrarien der Zoos, wo sich die Leute geradezu drängen.

Die verbreitete Meinung, Schlangen seien glitschig und feucht anzufühlen, wird schon dadurch widerlegt, daß Schlangenhaut keinerlei Drüsen besitzt.

Die etwa 2700 Schlangenarten haben fast alle Gebiete der Erde erobert, in denen die wechselblütigen Reptilien überhaupt leben können. In gemäßigten Klimazonen halten Schlangen einen mehr oder weniger langen Winterschlaf; dabei fallen sie in einen Starrezustand mit stark reduziertem Stoffwechsel. Im Gegensatz dazu halten einige Arten in den extremen Wüstengebieten während der heißesten Jahreszeit einen Sommerschlaf.

Viele Schlangen sind hochgradige Spezialisten, die sich ihren unterschiedlichen Lebensräumen hervorragend angepaßt haben. Hier sei als Beispiel die Fortbewegung der meisten Wüstenschlangen, das Seitenwinden, genannt. Unter Seitenwinden versteht man eine Fortbewegungsform, bei der die Schlange seitwärts zur Körperachse davonkriecht. Die Schlange liegt nur auf 2 oder 3 Stellen auf und rollt sich seitlich ab. Die Abbildung 81 zeigt die Fährte einer *seitenwindenden Pseudocerastes persicus.*

Ein berühmter Nahrungsspezialist ist die *Afrikanische Eierschlange,* die Eier in respektabler Größe verschlingt. Mit verlängerten Wirbelfortsätzen, die in die Speiseröhre ragen, wird das Ei angesägt, der Inhalt fließt in den Magen und die Eischalen werden wieder ausgewürgt.

Zeichnung und Färbung

Wie farbenprächtig die Reptilien sind, ahnen die wenigsten Menschen, denn eine äußerst bunte Palette entfalten eigenartigerweise nicht nur die Tagreptilien, sondern auch die Dämmerungstiere und jene, die den größten Teil ihres Lebens in der Erde versteckt leben (z. B. die *Amerikanischen Korallenschlangen*).

Es ist noch weitgehend unerforscht, wo die vielfältigen Zeichnungsmuster und Färbungen der Tarnung dienen und wo sie ein Ausdrucksmittel sind, um den Artgenossen zu imponieren oder die artfremden Tiere abzuschrecken.

Zeichnung und Färbung vieler Reptilien können nicht nur in der gleichen Art, sondern auch vom selben Muttertier sehr verschieden sein. Die drei nebeneinanderstehenden Aufnahmen des *Kraits* (Abb. 35, 36, 37) können – wenn auch sehr selten – vom gleichen Gelege stammen. Auch Jungtiere präsentieren sich in ihrer frühen Jugend oft durch völlig anders geartete Zeichnung oder komplementäre Farben.

Einige Beispiele finden Sie in diesem Buch: Eine ausgewachsene *Vierstreifennatter* (Abb. 3), daneben ein junges geflecktes Baby; das leuchtend grüne Jungtier der *Waglers Bambusotter* mit ihren kleinen, gelben und rotbraunen Flecken, daneben die ausgewachsene, *schwarz-gelb, blau-grün gefleckte Otter* (Abb. 104, 105); die *grüne Hundskopfboa* und der *Baumpython,* deren Junge goldgelb mit roten Punkten oder erdbeerrot mit gelben Punkten zur Welt kommen. Zudem kann in seltenen Fällen der Baumpython seine grüne Farbe im Alter in ein leuchtendes Hellblau umändern (Abb. 165, 166 und Abb. 189, 190, 191). Wohl die bunteste Palette durch das ganze Farbenspektrum trifft man bei *Schlegels Lanzenottern,* wo beinahe sämtliche Farben in allen Varianten zu finden sind. Bei fast allen Schlangen können auch albinotische (Weißlinge) sowie melanotische (Schwärzlinge) Exemplare vorkommen. Einen echten *Albino Mussurana* zeigt die Abbildung 27, einen *Albino Westliche Diamantklapperschlange,* die in Gefangenschaft gezüchtet wurde, die Abbildung 126.

Die Häutung

Die Häutung der Schlangen ist hormongesteuert; sie erfolgt periodisch und ermöglicht das Wachstum des Tieres. Ist die Oberhaut einmal verhornt, so kann sie nicht mehr weiter wachsen. Daher muß die oberste Schicht in regelmäßigen Abständen abgestreift werden. Sie platzt bei den Mundrändern, und die Schlange kriecht aus der sich umstülpenden Haut. Die durchsichtige äußerste Augenhaut wird mitgehäutet. Unter der alten Haut ist bereits eine neue, etwas größere, fertig ausgebildet. Kurz vor der Häutung wird die Zeichnung des Tieres immer undeutlicher, und die Farben verblassen. Ist die Haut abgestreift, so erscheint das Farbmuster wieder in voller Pracht.

Von der Natter zum Python

Die Schlangen können nach der Beschaffenheit und Stellung ihrer Zähne in vier Gruppen eingeteilt werden.

Harmlose *Nattern* (Aglyphe) besitzen massive Zähne, die weder Hohlraum noch Furche aufweisen. Diese Schlangen gelten daher als ungefährlich, obwohl im Oberkiefer von einigen Arten eine Giftdrüse vorhanden ist. Dieses Gift verursacht aber im schlimmsten Fall eine leichte Entzündung, sofern es mit dem Speichel in eine offene Wunde gelangt.

Zu den aglyphen Schlangen gehören die verschiedensten Nattern und die *Riesenschlangen,* die wohl bekannteste Schlangenfamilie Boidae. Die heutigen Riesen der Reptilien *Anakonda, Netzpython* bis 10 m, *Leistenkrokodil* 8 m und der *Komodo-Waran* bis 3 m, sind klein im Vergleich zu manchen im Erdmittelalter lebenden Kriechtieren (z. B. Brachyosaurus, 23 m und mehrere Tonnen Gewicht). Die Riesenschlangen werden in zwei Gruppen, *Pythons* (Pythoninae) und *Boas* (Boinae), eingeteilt. Während sämtliche Boas lebende Junge zur Welt bringen, legen alle Pythons Eier.

Geographisch sind die Pythons in Afrika, Asien und Australien zu Hause, während die Boas Nord- und Südamerika bewohnen. Die echten Pythons besitzen zudem mit den Oberlippengruben, ähnlich der *Grubenotter,* ein Sinnesorgan, das ihnen ermöglicht, bei völliger Dunkelheit ein warmblütiges Beutetier aufzuspüren. Beide Gruppen besitzen als auffälligstes Merkmal noch Reste von Beckengürtel und Hinterbeinen, welche als Sporne links und rechts der Kloakengegend sichtbar sind. Sie lassen vermuten, daß die Vorfahren der Schlangen noch Beine hatten.

Nicht alle Riesenschlangen sind wirkliche Riesen, einige

werden kaum 80 cm lang. Die Beute wird durch Zubeißen und blitzschnelles Umschlingen getötet. Der Tod tritt nicht durch Zerquetschen der Knochen und inneren Organe oder Ersticken ein, wie vielfach angenommen, sondern durch Unterbinden des Blutkreislaufes mit folgendem Hirnschlag. Riesenschlangen fallen in der Regel keine Menschen an. Sie beißen höchstens zur Abwehr, wenn man sie überraschend belästigt.

Wenn immer möglich, meiden sie Menschen oder Tiere, die für sie als Nahrung nicht in Frage kommen (meines Wissens gibt es nur einen verbürgten Fall, und da soll es sich um einen schlanken, kleinen Eingeborenen gehandelt haben). Ein ausgewachsener Netzpython oder eine Anakonda kann natürlich ein Beutetier von respektabler Größe bis 70 kg verschlingen. Die meisten Riesenschlangen werden in Gefangenschaft bei geeigneter Pflege und Haltung sehr alt. Sie sind wie die Giftschlangen eine Attraktion in jedem Zoo.

Vor 15 Jahren bekam ich von einer 42jährigen ehemaligen Tänzerin zwei helle *Tigerpythons,* die sie seit ihrem 18. Lebensjahr besaß und die sie in einer Kiste um die ganze Welt von Hotel zu Hotel mitführte. Die Tiere waren in einem tadellosen Zustand. Einmal pro Woche badete sie die beiden im Hotelbad, wobei sie sich auch ihrer Exkremente entledigten. Die abendlichen Vorstellungen waren für sie sicherlich die beste Bewegungstherapie. Terrarientiere haben ja praktisch keine Bewegung, da sie nicht auf Nahrungssuche gehen müssen und meistens noch überfüttert werden. Übrigens leben die beiden Schlangen, die ich nach sieben Jahren weggab, heute noch, und sie sind etwa 32 Jahre alt.

Wie anfangs erwähnt, legen Pythons Eier, oft bis zu 100 Stück. Der Python betreibt eine Brutpflege. Während er zusammengerollt über den Eiern liegt und diese während der Brutzeit von 70–90 Tagen nur zum Wassertrinken verläßt, geht in kurzen Abständen ein regelmäßiges Zucken durch den Schlangenkörper. Erstaunlicherweise ist die Temperatur zwischen seinen Windungen sieben Grad höher als die seiner Umgebung. Die Länge etwa frischgeschlüpfter Tigerpythons beträgt 45–60 cm. Sie sind wie alle Reptilien sofort nach dem Schlüpfen voll aktionsfähig und können bereits mühelos mittelgroße Mäuse töten und verschlingen.

Gefährliche Nattern

Die *Trugnattern* (Opisthoglyphe) besitzen Giftdrüsen und längsgefurchte Giftzähne, doch sitzen diese zuhinterst im Oberkiefer und treten beim Biß eines Menschen meistens nicht in Aktion. Das Beutetier wird im Maul so weit nach hinten geschoben, bis das Gift in die Beute eindringen kann. Gelten die Trugnattern im allgemeinen für den Menschen als wenig gefährlich, so gibt es doch einige, bei denen äußerste Vorsicht geboten ist. Ihr Biß kann sogar tödlich sein. Zu den gefährlichsten Trugnattern gehören der Dispholidus typus *(Boomslang)* und die Thelotornis kirtlandii *(Vogelnatter).* Gerade die beiden letztgenannten verursachten den Tod von zwei der berühmtesten Herpetologen unserer Zeit: Karl P. Schmidt (1890–1957, Kurator des Field-Museums in Chicago) fiel dem Biß einer Boomslang, Prof. Robert Mertens vom Senckenberg-Museum in Frankfurt a/M. 1975 dem einer Vogelnatter zum Opfer.

Die bei den *Giftnattern* (Proteroglyphe) im Vorderkiefer sitzenden, starren Giftzähne weisen eine Längsfurche auf, durch die das Gift den Beutetieren eingeflößt wird.

Zu den Giftnattern zählen die gefährlichsten Schlangen, zum Beispiel die *Mambas* aus Afrika, die *Asiatische Königskobra* sowie der gefürchtete *Taipan* Australiens. Sie sind nicht nur äußerst giftig, sondern auch überaus nervös und reizbar und können bei kleinsten Störungen ohne Vorwarnung blitzschnell zubeißen.

Bei den *Kobras,* den wohl bekanntesten Giftnattern, ist das Charakteristische ihr Imponierverhalten: Im Zustand der Erregung richten sie ihren Vorderkörper auf, spreizen die Halsrippen und bilden so einen mehr oder weniger breiten Schild. Bei einer asiatischen Art erscheint an dieser Stelle des Nackens eine ring- oder brillenartige Zeichnung, was der Schlange zu ihrem anderen Namen *«Brillenschlange»* verholfen hat. Diese Tiere werden mit Vorliebe von Schlangenbeschwörern zu Schauzwecken abgerichtet und vorgeführt. Bei Trommel- und Flötentönen kriechen sie aus ihren Bastkörben, und obwohl sie ohne Gehör sind, wiegen sie sich bald im Rhythmus der Musik hin und her. Meist hat der Schlangenbeschwörer ihre Giftzähne ausgebrochen, oder er ließ sie vorher so manches Mal auf harte Gegenstände beißen, bis sie es aufgeben. Die Vorführungen verfehlen ihren Effekt nie; die Schlange hat einen gut entwickelten Gesichtssinn und folgt den Bewegungen des Mannes, der den Deckel öffnet. Einige asiatische und afrikanische Kobras haben die Fähigkeit, ihr Gift einem Störenfried auf größere Distanzen in die Augen zu schleudern, was zu sehr schmerzhaften Entzündungen führt.

Tödlich giftige Ottern

Die *Ottern* (Solenoglyphe) besitzen den vollkommensten Giftapparat. Die zwei hohlen, gelegentlich über drei Zentimeter langen Giftzähne, die wie Injektionsnadeln wirken, liegen im Ruhezustand in eine Schleimhautfalte zurückgelegt. Öffnet das Tier das Maul, so springen die Zähne wie die Klingen eines Taschenmessers auf. Die Mündung des Giftkanals liegt nicht genau an der Spitze, sondern etwas zurückgesetzt an der Vorderseite des Zahnes.

Die bekanntesten Arten dieser Gruppe sind die *Klapperschlangen,* die *Baumottern* und *Vipern.*

Der Name Viper kommt vom Wort «vivipara» und bedeutet «lebendgebärend», weil die meisten Arten lebende Junge zur Welt bringen oder letztere die Eihülle sofort nach der Geburt sprengen (ovovivipar). Die Vipern oder Ottern kommen ausschließlich in der alten Welt vor, sieht man von ihren nahen Verwandten, den amerikanischen *Grubenottern* (Klapperschlangen) ab. Sie sind von gedrungenem Körperbau und daher mit wenigen Ausnahmen ausgesprochene Bodenbewohner. Ihre relative Trägheit beim Beuteerwerb wird aber durch den unter den Giftschlangen vollkommensten Giftapparat, mit den der Länge nach durchbohrten, aufklappbaren Giftzähnen, aufgewogen.

Die uns Mitteleuropäern vertrautesten Arten sind die *Kreuzottern,* deren Verbreitungsgebiet bis in die nördlichsten Länder Europas reicht, die *Aspis- oder Juraviper,* die im südlichen Schwarzwald, im Jura und südlich der Alpen bis in den Mittelmeerraum hinein vorkommt.

Bei den *Grubenottern* (Familie Crotalidae) wußte man lange Zeit nicht, wozu ihnen eine Vertiefung zwischen den Nasenlöchern und den Augen dient. Heute ist gewiß, daß es sich dabei um ein hochempfindliches Sinnesorgan handelt, das Wärmestrahlen festzustellen vermag. Die empfindlichen Nerven der Grube stellen bereits Schwankungen von 0,003°C fest! Mit Hilfe dieses «Wärmedetektors» spürt die Schlange auch in der Dunkelheit warmblütige Beutetiere auf eine Distanz von einem halben Meter auf. Zu den Grubenottern gehören unter anderen die Klapperschlangen und die Baumottern.

Die *Klapperschlangen* sind wohl die vollkommensten aller Schlangen. Neben dem perfektesten Giftapparat und den Gruben, die vorgängig beschrieben wurden, besitzen sie auch noch ein sehr wirkungsvolles Geräuschinstrument, das auf verschiedene Tiere abschreckend wirkt, den Menschen in der freien Natur aber auch warnt, bevor er in die Reichweite ihrer Giftzähne gerät.

Der Schwanz der Klapperschlangen endigt in acht bis 12 (maximal 19) lose ineinander liegenden Hornringen. Wird die Schlange bedroht, so vermag sie die Schwanzspitze in Vibration zu setzen (20 bis 90 Schwingungen pro Sekunde, je nach der Außentemperatur). Dadurch entsteht das eigenartige Rasseln, das der Gruppe ihren Namen gab. Die Klapperschlangen sind in etwa 30 Arten in der Neuen Welt, von Kanada bis Argentinien, vertreten.

Giftschlangen und Schlangengifte

Bei den Schlangen ist ungefähr ein Sechstel der heute lebenden Arten giftig, und dieser Teil hat die ganze Schlangensippe beim Menschen in Verruf gebracht. Der Giftapparat steht im Dienste der Ernährung. Einmal werden dadurch die Beutetiere getötet; zusätzlich aber hilft das Gift bei der Verdauung mit. Erst in zweiter Linie ist der Giftapparat eine Verteidigungswaffe.

Welches ist die für den Menschen gefährlichste Giftschlange? Die Wirksamkeit des Giftes ist von Art zu Art verschieden, ebenso die Menge, die pro Biß von der Giftdrüse abgesondert wird.

Für die Gefährlichkeit eines Bisses sind Alter und Gesundheitszustand des Opfers von Bedeutung, aber auch der Zustand der Schlange (ob Jungtier oder ausgewachsen, usw.). Schließlich besteht ein Unterschied, ob ein großes Blutgefäß oder eventuell nur ein Fettpolster getroffen wurde. Deshalb gibt es keine allgemeingültige Antwort auf die Frage, welches die gefährlichste Schlange ist.

Um sich von der Wirkung eines Bisses eine Vorstellung zu machen, sei hier gesagt, daß das Quantum Gift, welches eine ausgewachsene südamerikanische Lanzenschlange bei einem einzigen Biß abgibt, genügen würde, um 2000 Mäuse zu töten ... Obschon der Giftapparat der Schlange gegenüber dem Menschen nur zur Verteidigung in Funktion tritt, ist die Anzahl der Bißfälle in Gebieten, wo die Giftschlangen häufig sind, relativ hoch. Dies ist aber weitgehend auf die Unvorsichtigkeit der Menschen zurückzuführen. In Indien könnten zwei Drittel aller Bißfälle – man spricht von jährlich über 30 000 – vermieden werden, wenn die Leute ihre Landarbeit in Schuhen verrichten würden.

Was die Giftwirkung im Organismus betrifft, werden die Giftschlangen in zwei Gruppen unterteilt:

Die Schlangen mit beweglichen Giftzähnen haben größtenteils Blutgifte (Baumottern, Vipern, Klapperschlangen). Im Blut des gebissenen Opfers kann es zur Bildung von Gerinnseln kommen; manchmal verliert das Blut seine Gerinnbarkeit. Gelegentlich tritt es durch kleinste Äderchen in die Körperhöhle aus oder die roten Blutkörperchen werden zerstört.

Der Tod tritt meistens infolge Kreislaufschwäche ein.

Die Schlangen mit unbeweglichen Giftzähnen haben größtenteils Nervengifte (Mambas, Korallenottern, Brillenschlangen, [Kobras]).

Das Gift greift die Nervenendplatten an, und der Tod tritt meistens infolge Lähmung der Herz- oder Atemmuskulatur ein.

Kleinste Mengen von Schlangengift werden in der Medizin zu Heilzwecken verwendet (Bekämpfung von epileptischen Anfällen, Verhinderung von Blutgerinnseln nach Operationen, Bekämpfung krampfartiger Zustände).

Bißwirkung und Behandlung

Wird ein Mensch von einer Giftschlange gebissen, so bilden sich in seinem Blut Abwehrstoffe zur Bekämpfung der fremden Eiweißverbindungen. Sofern die Giftdosis nicht zu groß ist, kann der Verletzte das Schlangengift mit Hilfe dieser Abwehrstoffe selber abbauen. Diese Abwehrstoffe bleiben einige Zeit wirksam, so daß ein weiterer Biß derselben Art ohne schwerwiegende Folgen bleibt.

Tritt aber beim Biß eine größere Giftmenge in den menschlichen Körper, oder handelt es sich um besonders gefährliche Gifte, so reicht die eigene Produktion an Abwehrstoffen nicht aus. In diesem Fall ist Verabreichung von Serum angezeigt, ja sie kann lebensrettend sein. Die Behandlung mit Serum ist aber nur dann sinnvoll, wenn sie gezielt (d. h. mit dem für diese Art zubereiteten Serum) erfolgt.

Um diese Gegengifte herzustellen, wird einem Pferd mehrmals, in immer größeren, aber ungefährlichen Dosen, Schlangengift eingespritzt. Das Pferd bildet nun in seinem Blut die

1

Deutscher Name	***Streifenschwanznatter***
Wissenschaftlicher Name	Elaphe taeniura
Länge/Größe	2,5 m
Nahrung	Kleinsäuger, Vögel, Echsen, Eier
Biotop	Busch-, Gras- wie auch bebautes Land
Geographische Verbreitung	Zentral- bis Ostasien, Formosa

2

Deutscher Name	***Gelbe Erdnatter***
Wissenschaftlicher Name	Elaphe obsoleta quadrivittata
Länge/Größe	2 m
Nahrung	Kleinsäuger, Vögel
Biotop	überall
Geographische Verbreitung	von Kanada über die östlichen, mittleren und südöstlichen USA bis Nord-Mexiko

3

Deutscher Name	***Vierstreifennatter***
Wissenschaftlicher Name	Elaphe quatuorlineata
Länge/Größe	2 m
Nahrung	Kleinsäuger, Vögel
Biotop	Trockenbuschwald, Garrigue
Geographische Verbreitung	Mittel- und Süditalien, Sizilien, Jugoslawien, Südwest-Griechenland, Süd-Albanien

4

Deutscher Name	***Jungtierfärbung von 3***
Wissenschaftlicher Name	
Länge/Größe	
Nahrung	
Biotop	
Geographische Verbreitung	

5

Deutscher Name	***Leopardennatter***
Wissenschaftlicher Name	Elaphe situla
Länge/Größe	1 m
Nahrung	Kleinsäuger
Biotop	trockene, steinige Vegetation, in Gebüschen
Geographische Verbreitung	Sizilien, Malta, Balkan, Kreta, Kleinasien, Kaukasus, Krim

6

Deutscher Name	***Schlanknatter***
Wissenschaftlicher Name	Coluber najadum najadum
Länge/Größe	1,30 m
Nahrung	Echsen
Biotop	buschreich und steinig
Geographische Verbreitung	Balkan, Kleinasien bis Syrien und Nordwest-Persien

7

Deutscher Name	***Transpecos-Rattennatter***
Wissenschaftlicher Name	Elaphe subocularis
Länge/Größe	1,70 m
Nahrung	Kleinsäuger, Vögel,
Biotop	felsdurchsetzte Halbwüsten
Geographische Verbreitung	südliches New Mexico, südwestliches Texas, Nord-Mexiko

8

Deutscher Name	***Blumennatter***
Wissenschaftlicher Name	Elaphe moellendorffi
Länge/Größe	2 m
Nahrung	Kleinsäuger, Echsen
Biotop	Nähe von Wasser (wasserreiche Täler, Gras und leichter Busch)
Geographische Verbreitung	Kanton, Kwantung, Tangking, Kwangsi (China)

	9	13
Deutscher Name	***Mandarinennatter***	***Afrikanische Eierschlange***
Wissenschaftlicher Name	Elaphe mandarina	Dasypeltis scabra
Länge/Größe	90 cm	80 cm
Nahrung	Kleinsäuger, Echsen, Eier	Vogeleier
Biotop	lichte, trockene Bergwälder, bis 3000 m Höhe	trockene Wald- und Buschgebiete
Geographische Verbreitung	Ober-Burma, China-Provinzen	Afrika, außerhalb des tropischen Regenwaldes

	10	14
Deutscher Name	***Rotschwanznatter***	***Schwarze Baumschlange***
Wissenschaftlicher Name	Gonyosoma oxycephalum	Thrasops jacksonii
Länge/Größe	1,50 m	2 m
Nahrung	Kleinsäuger, Echsen, Eier	Vögel
Biotop	Waldränder und Buschgebiete	Bäume, Buschgebiete
Geographische Verbreitung	Südostasien	Ostafrika

	11	15
Deutscher Name	***Gekielte Steignatter***	***Rotnacken-Wassernatter***
Wissenschaftlicher Name	Elaphe carinata	Amphiesma subminiata
Länge/Größe	über 2 m	1,2 m
Nahrung	Kleinsäuger, Vögel, Schlangen, Echsen, Eier	Frösche, Fische
Biotop	gebirgige Gegenden bis 3000 m	Süßgewässer, Feuchtgebiete
Geographische Verbreitung	China-Provinzen, Kwantung	Südchina, Hinterindien, Indoaustralischer Archipel

	12	16
Deutscher Name	***Amur-Natter***	***Hühnerfresser***
Wissenschaftlicher Name	Elaphe schrencki	Spilotes pullatus
Länge/Größe	2 m	3 m
Nahrung	Kleinsäuger, Vögel, Eier	Kleinsäuger, Vögel, Schlangen, Echsen
Biotop	Flach- und Bergland, nicht zu trocken	sandige, buschige Gebiete
Geographische Verbreitung	Asiatisches Rußland, östliche Mandschurei, Korea	Süd- und Mittelamerika

1

2

3

4

5

6

7

9

10

11

12

◀13

14

15

16

17

	17	21
Deutscher Name	***Schwarzschwanznatter***	***Königsnatter***
Wissenschaftlicher Name	Elaphe grabowskyi	Lampropeltis getulus goini
Länge/Größe	2 m	1 m
Nahrung	Kleinsäuger, Vögel, Echsen	Kleinsäuger, Echsen, Schlangen
Biotop	überall, auch in Siedlungen, bis 3800 m	Trockengebiete
Geographische Verbreitung	Südostasien, ohne Malayische Halbinsel	Nord-Mexiko

	18	22
Deutscher Name	***Kalifornische Königsnatter,*** gestreifte und geringelte Zeichnungsphase	***Tamaulipas-Königsnatter***
Wissenschaftlicher Name	Lampropeltis getulus californiae	Lampropeltis triangulum annulata
Länge/Größe	90 cm	90 cm
Nahrung	Kleinsäuger, Schlangen, Echsen	Echsen, Schlangen, Kleinsäuger
Biotop	Trockengebiete	Trockenland
Geographische Verbreitung	Kalifornien	Nordost-Mexiko

	19	23
Deutscher Name	***Kalifornische Bergkönigsnatter***	***Hochland-Königsnatter***
Wissenschaftlicher Name	Lampropeltis zonata	Lampropeltis triangulum arcifera
Länge/Größe	60 cm	1 m
Nahrung	Kleinsäuger, Vögel, Schlangen, Echsen	Echsen, Schlangen, Kleinsäuger
Biotop	trockene Berggebiete	Trockengebiete
Geographische Verbreitung	Rocky Mountains, USA	Hochland Zentral-Mexikos

	20	24
Deutscher Name	***Mexikanische Königsnatter***	***Rote Königsnatter***
Wissenschaftlicher Name	Lampropeltis mexicana alterna	Lampropeltis triangulum nelsoni
Länge/Größe	80 cm	90 cm
Nahrung	Kleinsäuger, Schlangen	Schlangen, Echsen, Kleinsäuger
Biotop	Busch und Steppe	Trockengebiete
Geographische Verbreitung	Mexiko	Pazifisches Mexiko

	25	***29***
Deutscher Name	***Gelbgrüne Baumnatter***	***Lianennatter***
Wissenschaftlicher Name	Dendrelaphis cyanochloris	Thelotornis kirtlandii
Länge/Größe	1,40 m	1,60 m
Nahrung	Kleinsäuger, Echsen	Echsen, Vögel
Biotop	Bäume und Büsche	Gebüsche, Savannen
Geographische Verbreitung	Burma, Bangladesh, Hinterindien	Afrika, südlich vom Äquator

	26	***30***
Deutscher Name	***Tigerschlange***	***Papageienschlange***
Wissenschaftlicher Name	Telescopus semiannulatus	Leptophis ahaetulla occidentalis
Länge/Größe	90 cm	1,20 m
Nahrung	Echsen, Vögel	Lurche
Biotop	Buschgebiete	Urwald
Geographische Verbreitung	Afrika, südlich vom Äquator	Venezuela, Kolumbien, Ecuador

	27	***31***
Deutscher Name	***Mussurana,*** albinotisches Tier	***Riemennatter***
Wissenschaftlicher Name	Clelia clelia	Imantodes cenchoa
Länge/Größe	2,30 m	1,80 m
Nahrung	Schlangen, auch Giftschlangen	Frösche, Schnecken
Biotop	Gras- und Waldgebiete	Gebüsche, meist am Wasser
Geographische Verbreitung	Tropisches Südamerika	Mittelamerika, nördliches Südamerika

	28	***32***
Deutscher Name	***Braune Katzenaugennatter***	***Mangroven-Nachtbaumnatter***
Wissenschaftlicher Name	Boiga cynodon	Boiga dendrophila
Länge/Größe	2 m	2,40 m
Nahrung	Vögel, Kleinsäuger, Echsen, Schlangen	Kleinsäuger, Vögel, Schlangen, Echsen, Eier
Biotop	feuchte Buschgebiete	Tropischer Regenwald
Geographische Verbreitung	Assam, Bangladesh, Burma, Thailand, Malayische Halbinsel	Sumatra, Malaysia

19

20

21

22

23

24

29

31

	33	**39**
Deutscher Name	***Baumschnüffler***	***Chinesische Kobra,*** helles Exemplar
Wissenschaftlicher Name	Ahaetulla prasina	Naja naja atra
Länge/Größe	1,50 m	1,50 m
Nahrung	Lurche, Echsen,	Kleinsäuger, Lurche, Vögel, Echsen
Biotop	in dichten Baumkronen	Busch- und Kulturgebiet
Geographische Verbreitung	Südostasien	Südchina, Hainan, Taiwan, Hinterindien

	34	**40**
Deutscher Name	***Rotbauchige Bauchdrüsenotter***	***Ringhalskobra***
Wissenschaftlicher Name	Maticora bivirgata	Hemachatus haemachatus
Länge/Größe	1,20 m	1,20 m
Nahrung	Lurche, Echsen, Schlangen	Kleinsäuger, Echsen, Schlangen
Biotop	Waldgebiete, in Höhlen und Ästen	karge Vegetation
Geographische Verbreitung	Laos, Thailand, Kambodscha, Malayische Halbinsel	Südliches Afrika

	35, 36, 37	**41, 42**
Deutscher Name	***Gebänderter Krait***	***Monokelkobra***
Wissenschaftlicher Name	Bungarus fasciatus	Naja naja kaouthia
Länge/Größe	2 m	1,50 m
Nahrung	Schlangen, Echsen	Kleinsäuger, Lurche, Vögel
Biotop	Gebüsche, Bambusdickicht	offene Landschaft
Geographische Verbreitung	Nordöstliches Indien, Burma, Südchina, Hinterindien, Malayische Halbinsel, Indoaustralischer Archipel	Bengalen, östl. Himalaya, Nepal, südwestl. China

	38	**43**
Deutscher Name	***Königskobra***	***Afrikanische Speikobra***
Wissenschaftlicher Name	Ophiophagus hannah	Naja nigricollis nigricincta
Länge/Größe	4,50 m	2 m
Nahrung	Schlangen	Kleinsäuger, Vögel, Eier
Biotop	Wald, Steppe und Kulturlandschaft	lichter Wald und Busch, steinige Gebiete
Geographische Verbreitung	Indoaustralischer Archipel bis Bali und die Philippinen, Malayische Halbinsel, Hinter- und Vorderindien, Südchina	Angola, Namibia

	44	***48***
Deutscher Name	***Schildkobra***	***Schwarze Mamba***
Wissenschaftlicher Name	Aspidelaps lubricus lubricus	Dendroaspis polylepis polylepis
Länge/Größe	1 m	3 m
Nahrung	Echsen	Kleinsäuger, Vögel
Biotop	Wüsten und Halbwüsten	Gebüsche und Bäume (trocken)
Geographische Verbreitung	Südafrika von der Kap Provinz nördlich bis ins südl. Angola	Südl. Kenya. Tanganyika, Moçambique, Malawi, Simbabwe, Natal (Südafrika)

	45	***49***
Deutscher Name	***Korallenotter***	***Grüne Mamba***
Wissenschaftlicher Name	Micrurus frontalis	Dendroaspis viridis
Länge/Größe	80 cm	2 m
Nahrung	Schlangen, kleine Echsen	Kleinsäuger, Vögel
Biotop	Wälder	Gebüsche und Bäume (trocken)
Geographische Verbreitung	Südwest-Brasilien, Uruguay, Paraguay, nördl. Argentinien	Westl. Afrika, Insel São Tomé

	46	***50***
Deutscher Name	***Harlekin-Korallenschlange***	***Jamesons Mamba***
Wissenschaftlicher Name	Micrurus fulvius	Dendroaspis jamesoni kaimosae
Länge/Größe	60 cm	2 m
Nahrung	Schlangen, Echsen	Kleinsäuger, Vögel
Biotop	versteckt in feuchten und trockenen Gebieten	Gebüsche, Bäume (feucht)
Geographische Verbreitung	Südöstliche Staaten der USA, Tamaulipas (Nordost-Mexiko)	Östliches Zentralafrika, westl. Kenya, Uganda, Ruanda-Urundi, östlicher Kongo

	47	***51***
Deutscher Name	***Gewöhnliche Mamba***	***Braunkönigsschlange***
Wissenschaftlicher Name	Dendroaspis angusticeps	Pseudechis australis
Länge/Größe	2 m	2,50 m
Nahrung	Kleinsäuger, Vögel	Kleinsäuger, Lurche, Vögel, Schlangen
Biotop	Gebüsche und Bäume	Buschlandschaft
Geographische Verbreitung	Kenya, Tanganyika, Insel Sansibar, Moçambique, Malawi, Simbabwe, Natal (Südafrika)	Australien, Neuguinea

36

37

39

40

41

45

46

52

Deutscher Name	***Tigerotter***
Wissenschaftlicher Name	Notechis scutatus
Länge/Größe	1,2 m
Nahrung	Frösche
Biotop	Wald, Sumpf, Trockenbusch
Geographische Verbreitung	Südost-Australien

53

Deutscher Name	***Taipan***
Wissenschaftlicher Name	Oxyuranus scutellatus
Länge/Größe	3 m
Nahrung	Kleinsäuger, Vögel
Biotop	Grasland
Geographische Verbreitung	Nordöstliches Australien, Melville-Insel

54

Deutscher Name	***Todesotter***
Wissenschaftlicher Name	Acanthophis antarcticus
Länge/Größe	80 cm
Nahrung	Kleinsäuger, Vögel, Echsen
Biotop	Steppenlandschaft
Geographische Verbreitung	Australien, Torres-Strait-Inseln

55

Deutscher Name	***Kreuzotter***
Wissenschaftlicher Name	Vipera berus berus
Länge/Größe	80 cm
Nahrung	Kleinsäuger, Lurche
Biotop	lichte Waldgebiete, Heiden und Moore
Geographische Verbreitung	Nord- und Mitteleuropa bis zum Polarkreis, südwärts bis zu den Pyrenäen, Norditalien, mittlere Balkanländer, nördliches und mittleres Asien

56

Deutscher Name	***Aspisviper***
Wissenschaftlicher Name	Vipera aspis atra
Länge/Größe	75 cm
Nahrung	Kleinsäuger
Biotop	Geröllhalden, Steinhaufen, in trockenem bis feuchtem Untergrund
Geographische Verbreitung	Pyrenäen, Süd- und südöstliches Frankreich, Südschwarzwald, Alpenländer, Apennin-Halbinsel außer Kalabrien, Elba, Nord-Jugoslawien

57

Deutscher Name	***Stülpnasenotter***
Wissenschaftlicher Name	Vipera latastii
Länge/Größe	70 cm
Nahrung	Kleinsäuger, Echsen
Biotop	Garrigue, Bergmatten, auch Kulturland
Geographische Verbreitung	Pyrenäen-Halbinsel, nördl. Tunesien und Algerien, Marokko, nördl. des Hohen Atlas

58

Deutscher Name	***Sandviper, Hornotter***
Wissenschaftlicher Name	Vipera ammodytes ammodytes
Länge/Größe	90 cm
Nahrung	Kleinsäuger
Biotop	Felshänge und Geröllhalden, Gestrüpp
Geographische Verbreitung	Venetien, Südl. Tirol, Steiermark, Kärnten, Jugoslawien, Rumänien, Nordwestl. Bulgarien

59

Deutscher Name	***Bosnische Kreuzotter***
Wissenschaftlicher Name	Vipera berus bosniensis
Länge/Größe	80 cm
Nahrung	Kleinsäuger, Frösche
Biotop	niedriges Gebüsch, Wurzeln und Steine, eher feucht
Geographische Verbreitung	Jugoslawien, Bulgarien

	60	**64**
Deutscher Name	***Zinniker-Viper***	***Sandviper***
Wissenschaftlicher Name	Vipera aspis zinnikeri	Vipera ammodytes meridionalis
Länge/Größe	75 cm	75 cm
Nahrung	Kleinsäuger	Kleinsäuger, Echsen
Biotop	Busch- und Waldränder	Steingebiete, Waldränder
Geographische Verbreitung	Gascogne (Südwest-Frankreich)	Albanien, Griechenland, Kykladen, Kleinasien, Syrien

	61	**65**
Deutscher Name	***Milos-Otter***	***Kaukasus-Otter***
Wissenschaftlicher Name	Vipera lebetina schweizeri	Vipera kaznakovi
Länge/Größe	80 cm	60 cm
Nahrung	Kleinsäuger, Vögel	Kleinsäuger, Lurche, Vögel
Biotop	schwachbewachsene Steingebiete, Trockenflüsse	feuchte vegetationsreiche Gebiete
Geographische Verbreitung	Inseln Milos, Kimolos, Polinos und Siphnos (Griechenland)	westlicher Kaukasus (UdSSR), Nordostanatolien

	62	**66**
Deutscher Name	***Bergotter***	***Armenien-Otter***
Wissenschaftlicher Name	Vipera xanthina	Vipera raddei
Länge/Größe	1,20 m	90 cm
Nahrung	Kleinsäuger, Vögel	Kleinsäuger, Vögel
Biotop	Geröllhalden	Geröllhalden
Geographische Verbreitung	Europäische Türkei, Westasien	Türkisches Armenien, armenische Sowjetrepublik

	63	**67**
Deutscher Name	***Palästina-Viper***	***Transkaukasische Hornviper***
Wissenschaftlicher Name	Vipera palaestinae	Vipera ammodytes transcaucasiana
Länge/Größe	1 m	75 cm
Nahrung	Kleinsäuger	Kleinsäuger, Vögel, Echsen
Biotop	Kulturlandschaft	Geröllhalden
Geographische Verbreitung	Syrien, Jordanien, Israel	Transkaukasien, besonders Kura-Tal

◀55

57

59

60

62

63

61

64

66

67

70

	68	72, 73, 74
Deutscher Name	***Wiesenotter***	***Avicenna-Viper***
Wissenschaftlicher Name	Vipera ursinii	Cerastes vipera
Länge/Größe	50 cm	40 cm
Nahrung	Insekten, Eidechsen	Insekten, Eidechsen
Biotop	Flachlandwiesen, grasige Hänge bis 2000 m	Wüsten
Geographische Verbreitung	Basses Alpes, Abruzzen, Insel Krk, Bosnien, Montenegro, Mazedonien, Albanien, Nordwestl. Bulgarien	Sahara und Randgebiete

	69	75
Deutscher Name	***Hornviper***	***Hornviper***
Wissenschaftlicher Name	Vipera ammodytes montandoni	Cerastes cerastes
Länge/Größe	80 cm	60 cm
Nahrung	Kleinsäuger	Kleinsäuger
Biotop	bewachsene Geröllhalden, Gestrüpp, Berghänge	Wüstengebiete, Sahara und Randgebiete
Geographische Verbreitung	Rumänien, östlich der Donau, Bulgarien	von Marokko bis zur Arabischen Halbinsel

	70	76
Deutscher Name	***McMahon-Viper***	***Sandrasselotter***
Wissenschaftlicher Name	Eristicophis macmahonii	Echis carinatus pyramidum
Länge/Größe	60 cm	60 cm
Nahrung	Kleinsäuger, Vögel, Echsen	Kleinsäuger, Echsen
Biotop	Wüstengebiete	Halbwüsten und Kulturland
Geographische Verbreitung	Wüsten im Grenzgebiet von Afghanistan und Pakistan	Trockengebiete von Nordafrika bis nach Indien und Sri Lanka

	71	77
Deutscher Name	***Wüsten-Levante-Otter***	***Zwergechis***
Wissenschaftlicher Name	Vipera mauritanica deserti	Echis carinatus sinhaleyus
Länge/Größe	1,20 m	30 cm
Nahrung	Kleinsäuger, Vögel,	Insekten, Echsen, Mäuse
Biotop	Wüstenrandgebiete	Buschlandschaft
Geographische Verbreitung	Algerien, südl. des Atlas, Tunesien, Libyen	Sri Lanka

	78	***82***
Deutscher Name	***Augfleck-Sandrasselotter***	***Grüne Nachtotter***
Wissenschaftlicher Name	Echis carinatus ocellatus	Causus resimus
Länge/Größe	60 cm	50–70 cm
Nahrung	Kleinsäuger, Echsen	Amphibien
Biotop	Halbwüsten, trockene Gebiete	offene Wälder, Savannen, in Wassernähe
Geographische Verbreitung	Westafrika	Sudan, Somalia, Kenya, Uganda, Tanganyika, Moçambique, Nord-Simbabwe

	79	***83***
Deutscher Name	***Siam-Kettenviper***	***Krötenotter***
Wissenschaftlicher Name	Vipera russelii siamensis	Causus rhombeatus
Länge/Größe	1,10 m	80 cm
Nahrung	Kleinsäuger, Vögel	Amphibien
Biotop	Buschlandschaften	Savannen, in Wassernähe
Geographische Verbreitung	Burma, Thailand, Südchina	Zentralafrika, nördlich bis zum Sudan und Somalia, südlich bis Natal (Südafrika) und Angola

	80	***84***
Deutscher Name	***Kettenviper***	***Buschviper***
Wissenschaftlicher Name	Vipera russelii russelii	Atheris squamiger
Länge/Größe	1,20 m	60 cm
Nahrung	Kleinsäuger, Vögel	Kleinsäuger, Lurche, Vögel
Biotop	Buschlandschaft	Regenwald
Geographische Verbreitung	Sri Lanka, Indien (Kaschmir), Pakistan	Regenwaldgebiete des Kongobeckens, Fernando Po

	81	***85***
Deutscher Name	***Persische Sandviper***	***Grüne Buschviper***
Wissenschaftlicher Name	Pseudocerastes persicus	Atheris chloroechis
Länge/Größe	1 m	80 cm
Nahrung	Kleinsäuger, Vögel	Kleinsäuger, Lurche, Echsen
Biotop	Wüstengebiete	dichtes Gebüsch in Bodennähe
Geographische Verbreitung	West-Pakistan, Iran	Westliches Zentralafrika, Guinea bis Gabun

71

◀72

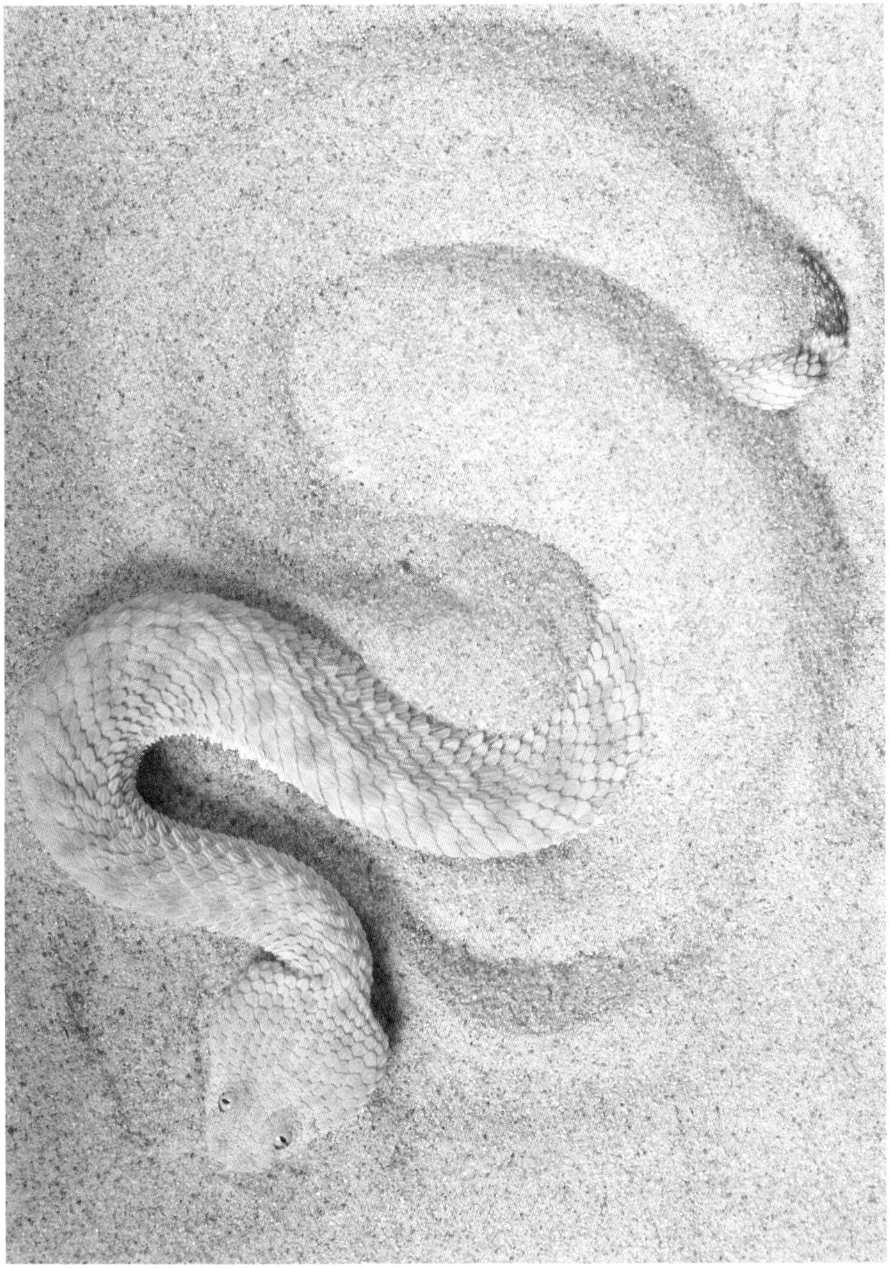

73

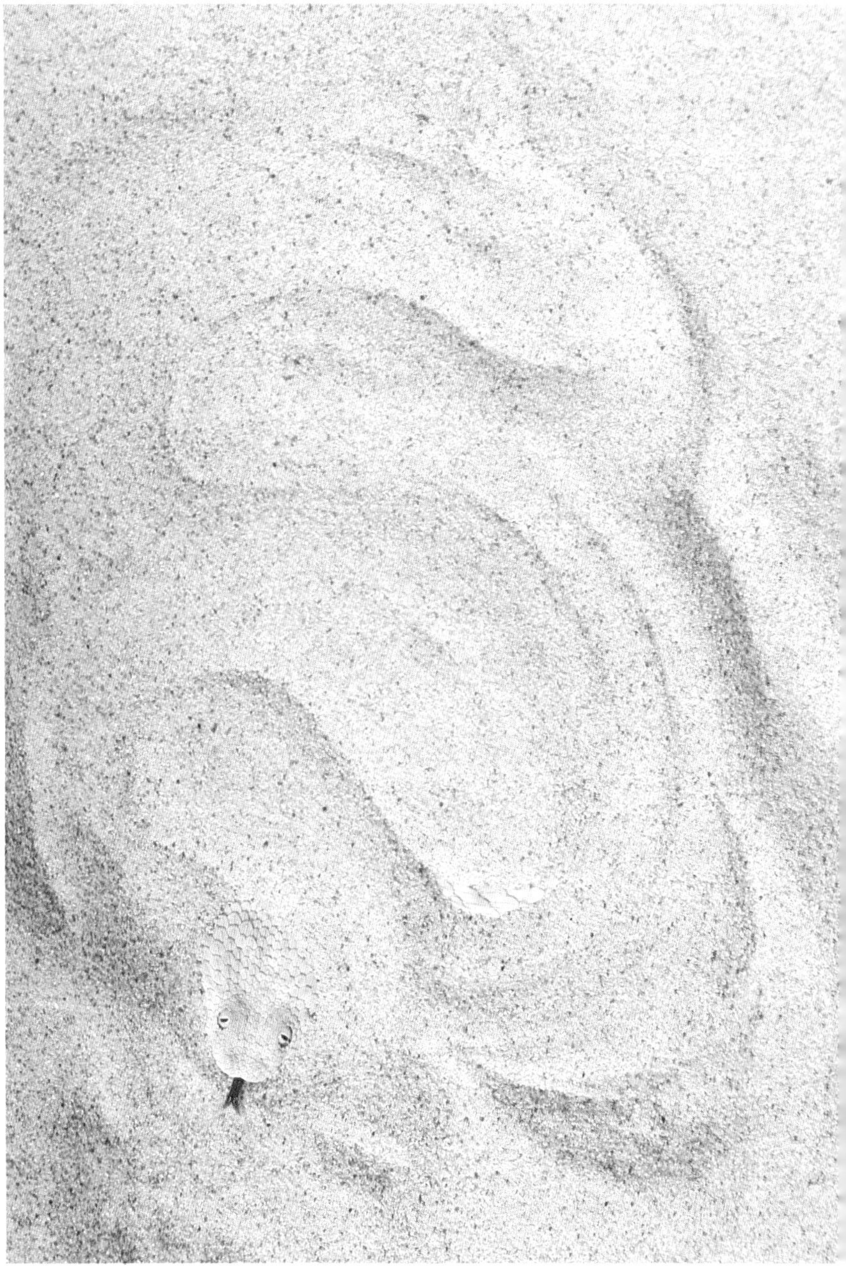

74

77

78

79

81

86

Deutscher Name	***Buschviper***
Wissenschaftlicher Name	Atheris desaixi
Länge/Größe	60 cm
Nahrung	Kleinsäuger, Lurche, Vögel
Biotop	Gebüsche (Waldgebiete)
Geographische Verbreitung	Kenya

87

Deutscher Name	***Rauhschuppige Buschviper***
Wissenschaftlicher Name	Atheris hispidus
Länge/Größe	60 cm
Nahrung	Kleinsäuger, Lurche, Vögel, Echsen
Biotop	Regenwald
Geographische Verbreitung	Kivu (Kongo)

88

Deutscher Name	***Gabun-Viper***
Wissenschaftlicher Name	Bitis gabonica gabonica
Länge/Größe	1,50 m
Nahrung	Kleinsäuger, Vögel,
Biotop	Waldboden, Savannen
Geographische Verbreitung	Südl. Sudan, Uganda, Tanganyika, Moçambique, Nord-Simbabwe, Angola, Gabun, Kamerun

89

Deutscher Name	***Westliche Gabun-Viper***
Wissenschaftlicher Name	Bitis gabonica rhinoceros
Länge/Größe	1,80 m
Nahrung	Kleinsäuger, Vögel
Biotop	Waldboden
Geographische Verbreitung	Guinea, Ghana, Togo

90

Deutscher Name	***Puffotter (Jungtiere)***
Wissenschaftlicher Name	Bitis arietans arietans
Länge/Größe	1,40 m
Nahrung	Kleinsäuger, Vögel
Biotop	Savannengebiet und Buschgebiete
Geographische Verbreitung	Marokko bis Südafrika, ausgenommen Somalia und Nord-Kenya, Arabische Halbinsel,

91

Deutscher Name	***Bergotter***
Wissenschaftlicher Name	Bitis atropos
Länge/Größe	50 cm
Nahrung	Kleinsäuger, Vögel, Echsen, Amphibien
Biotop	Gebirgsgegenden, gebüschdurchsetzte Geröllhalden
Geographische Verbreitung	Südafrika

92

Deutscher Name	***Gehörnte Zwergpuffotter***
Wissenschaftlicher Name	Bitis caudalis
Länge/Größe	30 cm
Nahrung	Kleinsäuger, Echsen
Biotop	sandige Gebiete
Geographische Verbreitung	Angola, Namibia, Kalahari, Süd-Simbabwe, nördliches Transvaal

93

Deutscher Name	***Nashornviper***
Wissenschaftlicher Name	Bitis nasicornis
Länge/Größe	1,30 m
Nahrung	Kleinsäuger, Vögel
Biotop	feuchtheiße Waldgebiete
Geographische Verbreitung	Südl. Sudan, westliches Kenya, Uganda, Ruanda-Urundi, Kongo, Gabun

	94, 95, 96, 97, 98, 99	***102***
Deutscher Name	***Puffotter (Jungtiere)***	***Popes Bambusotter***
Wissenschaftlicher Name	Bitis arietans arietans	Trimeresurus popeorum
Länge/Größe	1,40 m	60 cm
Nahrung	Kleinsäuger, Vögel	Kleinsäuger, Lurche
Biotop	Savannengebiet und Buschgebiete	Bergwälder
Geographische Verbreitung	Marokko bis Südafrika, ausgenommen Somalia und Nord-Kenya, Arabische Halbinsel	östl. Himalaya, Assam, Burma, Thailand, Borneo, Sumatra, Malayische Halbinsel

	100	***103***
Deutscher Name	***Zwergviper***	***Ceylon-Lanzenotter***
Wissenschaftlicher Name	Bitis worthingtoni	Trimeresurus trigonocephalus
Länge/Größe	35 cm	1,20 m
Nahrung	Echsen, Insekten	Lurche, Echsen, Vögel, Kleinsäuger
Biotop	karge gebüschdurchsetzte Landschaft	Buschgelände im Gebirge
Geographische Verbreitung	Hochländer von Kenya	Sri Lanka

	101	***104, 105***
Deutscher Name	***Weißlippen-Lanzenotter***	***Waglers Bambusotter***
Wissenschaftlicher Name	Trimeresurus albolabris	Trimeresurus wagleri
Länge/Größe	70 cm	70 cm
Nahrung	Frösche, Echsen, Vögel, Kleinsäuger	Kleinsäuger, Lurche, Vögel
Biotop	im Geäst, busch- und baumreiche Vegetation	Mangrovensümpfe
Geographische Verbreitung	tropisches Südostasien	Thailand, Malaysia, Indoaustralischer Archipel bis Celebes und die Philippinen

84

85

86

87

89

90

91

92

	106
Deutscher Name	***Sumatra-Bambusotter***
Wissenschaftlicher Name	Trimeresurus sumatranus
Länge/Größe	1 m
Nahrung	Frösche, Echsen, Vögel, Kleinsäuger
Biotop	Buschgebiete in Höhenlagen
Geographische Verbreitung	Südostasien inkl. Sumatra und Borneo

	107
Deutscher Name	***Grüne Bambusotter***
Wissenschaftlicher Name	Trimeresurus gramineus
Länge/Größe	80 cm
Nahrung	Kleinsäuger, Lurche, Echsen
Biotop	Gebüsche, Bambusdickicht
Geographische Verbreitung	Indien, Pakistan, Nepal, Hinterindien, tropisches Südostasien

	108
Deutscher Name	***Ceylon-Nasenotter***
Wissenschaftlicher Name	Agkistrodon nepa
Länge/Größe	80 cm
Nahrung	Frösche, Mäuse
Biotop	Wald
Geographische Verbreitung	Sri Lanka

	109
Deutscher Name	***Bambusotter***
Wissenschaftlicher Name	Trimeresurus flavomaculatus
Länge/Größe	70 cm
Nahrung	Frösche, Vögel, Echsen, Kleinsäuger
Biotop	Wald, Mangrove
Geographische Verbreitung	Philippinen

	110
Deutscher Name	***Habuschlange***
Wissenschaftlicher Name	Trimeresurus flavoviridis
Länge/Größe	1,40 m
Nahrung	Kleinsäuger, Vögel, Echsen
Biotop	Gebüsche und Wälder
Geographische Verbreitung	Okinawa-Gruppe außer Kumeshima, Anami-Oshima-Gruppe (Riu-Kiu)

	111
Deutscher Name	***Kantenkopf-Nasenotter***
Wissenschaftlicher Name	Agkistrodon hypnale
Länge/Größe	1 m
Nahrung	Frösche, Mäuse,
Biotop	Tropischer Regenwald
Geographische Verbreitung	Südindien und Sri Lanka

	112
Deutscher Name	***Nördlicher Kupferkopf***
Wissenschaftlicher Name	Agkistrodon contortrix
Länge/Größe	80 cm
Nahrung	Kleinsäuger, Lurche, Vögel
Biotop	offene Landschaft
Geographische Verbreitung	US-Küstengebiete/Maryland bis zum östlichen Texas und dem südlichen Oklahoma, nördlich bis ans Mississippibecken

	113
Deutscher Name	***Halysotter***
Wissenschaftlicher Name	Agkistrodon halys halys
Länge/Größe	70 cm
Nahrung	Kleinsäuger
Biotop	Steppen und Berggebiete
Geographische Verbreitung	Südliches Sibirien, Mongolei

	114	118
Deutscher Name	***Mexikanischer Mokassin***	***Palmen-Lanzenotter***
Wissenschaftlicher Name	Agkistrodon bilineatus bilineatus	Bothrops lateralis
Länge/Größe	90 cm	80 cm
Nahrung	Kleinsäuger, Lurche, Vögel	Vögel, Echsen, Frösche
Biotop	Flußlandschaften	auf Bäumen in Nebelwäldern
Geographische Verbreitung	Küstengebiete des südl. Mexiko bis Nicaragua	Costa Rica, Panama

	115	119
Deutscher Name	***Mexikanischer Mokassin***	***Lanzenotter***
Wissenschaftlicher Name	Agkistrodon bilineatus taylori	Bothrops nummifer
Länge/Größe	90 cm	90 cm
Nahrung	Kleinsäuger, Fische, Vögel, Frösche	Kleinsäuger
Biotop	Flußlandschaften	Bergwälder
Geographische Verbreitung	Tamaulipas und Nuevo Léon (Mexiko)	Südliches Mexiko, Honduras, Guatemala, El Salvador, Costa Rica

	116	120
Deutscher Name	***Chinesische Nasenotter***	***Neuwied-Lanzenotter***
Wissenschaftlicher Name	Agkistrodon acutus	Bothrops neuwiedi
Länge/Größe	1,50 m	90 cm
Nahrung	Kleinsäuger, Lurche, Vögel	Kleinsäuger
Biotop	trockene Gebirgswälder	Pampas
Geographische Verbreitung	Südliches China, Taiwan	Brasilien, Bolivien, Paraguay, nördl. Argentinien

	117	121
Deutscher Name	***Schwarzgrüne Lanzenotter***	***Halbmond-Lanzenschlange***
Wissenschaftlicher Name	Bothrops nigroviridis	Bothrops alternatus
Länge/Größe	90 cm	1,40 m
Nahrung	Vögel, Echsen, Frösche	Kleinsäuger
Biotop	Bergnebelwälder	feuchte Wasserläufe, Teiche usw.
Geographische Verbreitung	Costa Rica, Panama	Brasilien, Uruguay, Paraguay, nördl. Argentinien

105

106

107

108

109

110

113

112

114

◀116

119

120

121

122

122

Deutscher Name	***Godmann-Lanzenotter***
Wissenschaftlicher Name	Bothrops godmanni
Länge/Größe	55 cm
Nahrung	Echsen, Kleinsäuger
Biotop	in Gebirgsgegenden, unter Steinen und Gebüschen
Geographische Verbreitung	Zentralamerika, von Chiapas (Mexiko) bis Panama

123, 124, 125

Deutscher Name	***Greifschwanz-Lanzenschlange***
Wissenschaftlicher Name	Bothrops schlegelii
Länge/Größe	70 cm
Nahrung	Lurche, Echsen
Biotop	tropischer Regenwald
Geographische Verbreitung	Feuchtgebiete südl. Mexikos und Honduras bis Venezuela und Ecuador

126

Deutscher Name	***Westliche Diamantklapperschlange,*** Albino
Wissenschaftlicher Name	Crotalus atrox
Länge/Größe	1,50 m
Nahrung	Kleinsäuger
Biotop	trockenes, steiniges, von Gebüsch und Kakteen durchsetztes Gebiet
Geographische Verbreitung	von Arkansas, Oklahoma bis Zentral-Mexiko nach Westen bis Kalifornien

127

Deutscher Name	***Huamantlan-Klapperschlange***
Wissenschaftlicher Name	Crotalus scutulatus salvini
Länge/Größe	1,30 m
Nahrung	Kleinsäuger, Vögel
Biotop	offene, spärlich bewachsene Wüstengebiete
Geographische Verbreitung	Tlaxcala, Puebla Queretara, westl. Veracruz (Mexiko)

128

Deutscher Name	***Panamint-Klapperschlange***
Wissenschaftlicher Name	Crotalus mitchellii stephensi
Länge/Größe	90 cm
Nahrung	Kleinsäuger
Biotop	Berg- und Felswüsten
Geographische Verbreitung	Südkalifornien, Südwest-Nevada

129

Deutscher Name	***Niederkalifornische Klapperschlange***
Wissenschaftlicher Name	Crotalus enyo
Länge/Größe	90 cm
Nahrung	Kleinsäuger
Biotop	Wüsten und Halbwüsten
Geographische Verbreitung	südliches Baja California und benachbarte Inseln

130

Deutscher Name	***Kantenkopf-Klapperschlange***
Wissenschaftlicher Name	Crotalus willardi willardi
Länge/Größe	60 cm
Nahrung	Kleinsäuger
Biotop	Wüsten und Bergwüsten
Geographische Verbreitung	Huachuca und Santa-Rita-Berge in Südost-Arizona und im nördlichen Sonora

131

Deutscher Name	***Kantenkopf-Klapperschlange***
Wissenschaftlicher Name	Crotalus willardi meridionalis
Länge/Größe	50 cm
Nahrung	Kleinsäuger
Biotop	in Wäldern, höheren Lagen, auf feuchtem Untergrund
Geographische Verbreitung	südliches Durango, südwestliches Zacateras (Mexiko)

	132	***136***
Deutscher Name	***Uracoan-Klapperschlange***	***Felsenklapperschlange***
Wissenschaftlicher Name	Crotalus vegrandis	Crotalus lepidus lepidus
Länge/Größe	80 cm	70 cm
Nahrung	Kleinsäuger	Insekten, Mäuse, Vögel, Echsen,
Biotop	offenes, grasreiches Gelände	Fels und Busch in Berglagen
Geographische Verbreitung	Venezuela	von Trans Pecos bis Coahuila, Nuevo Léon, und zum nördlichen San Luis Potosi (Mexiko)

	133	***137***
Deutscher Name	***Prärieklapperschlange***	***Basilisken-Klapperschlange***
Wissenschaftlicher Name	Crotalus viridis nuntius	Crotalus basiliscus
Länge/Größe	90 cm	2 m
Nahrung	Vögel, Kleinsäuger	Kleinsäuger
Biotop	Prärie	Halbwüsten und Wüsten
Geographische Verbreitung	Arizona und angrenzendes New Mexico	Südl. Sonora, Sinaloa, Nayarit, lalisco, Calina, westliches Michoacán (Mexiko)

	134	***138***
Deutscher Name	***Felsenklapperschlange***	***Mexikanische Plateau-Klapperschlange***
Wissenschaftlicher Name	Crotulas lepidus klauberi	Crotalus triseriatus
Länge/Größe	80 cm	60 cm
Nahrung	Insekten, Echsen, Mäuse und Vögel	Kleinsäuger
Biotop	Fels und Busch in höheren Lagen	leichter Laubwald
Geographische Verbreitung	südöstl. Arizona, New Mexico, westl. Texas, angrenzendes Mexiko	Mexikanische Hochebene

	135	***139***
Deutscher Name	***Seitenwinder-Klapperschlange***	***Mohave-Klapperschlange***
Wissenschaftlicher Name	Crotalus cerastes	Crotalus scutulatus scutulatus
Länge/Größe	60 cm	1 m
Nahrung	Kleinsäuger, Echsen	Kleinsäuger, Vögel
Biotop	Wüstengebiete	Trockengebiete
Geographische Verbreitung	Kalifornien, Nevada, Utah, Arizona	Mojave-Wüste bis Zentral-Mexiko

124

125

◀127

128

129

130

131

134

135

136

137

142 ▶

138

139

140

141

144

143

145

140

Deutscher Name	***Rassellose Klapperschlange***
Wissenschaftlicher Name	Crotalus catalinensis
Länge/Größe	1,10 m
Nahrung	Kleinsäuger
Biotop	trockene Steingebiete
Geographische Verbreitung	Insel Santa Catalina (USA)

141

Deutscher Name	***Waldklapperschlange***
Wissenschaftlicher Name	Crotalus horridus atricaudatus
Länge/Größe	1,50 m
Nahrung	Kleinsäuger, Vögel
Biotop	bewaldete Hügel, Flachlandwälder
Geographische Verbreitung	Küstenebene der Südostküste der USA, Golf von Mexiko, Mississippibecken

142

Deutscher Name	***Prices Klapperschlange***
Wissenschaftlicher Name	Crotalus pricei
Länge/Größe	50 cm
Nahrung	Echsen
Biotop	lichte, von niedrigem Gestrüpp und Steinen durchsetzter Wald
Geographische Verbreitung	Gebirge Südost-Arizona bis Durango, Mexiko

143, 144, 145

Deutscher Name	***Schauerklapperschlange,*** 143 vor der Häutung
Wissenschaftlicher Name	Crotalus durissus durissus
Länge/Größe	2 m
Nahrung	Kleinsäuger, Vögel
Biotop	Busch- und Felsengebiete
Geographische Verbreitung	vom südlichen Mexiko bis Nicaragua und Costa Rica

146

Deutscher Name	***Zwergklapperschlange***
Wissenschaftlicher Name	Sistrurus miliarius barbouri
Länge/Größe	50 cm
Nahrung	Insekten, Mäuse, Frösche, Vögel, Eidechsen
Biotop	in Pinien- und Kiefernwäldern, sowie trockene und feuchte Prärien
Geographische Verbreitung	Florida, Südost-Mississippi, südl. South Carolina, Süd-Georgia, südliches Alabama (USA)

147

Deutscher Name	***Massasauga***
Wissenschaftlicher Name	Sistrurus catenatus
Länge/Größe	60 cm
Nahrung	Mäuse, Echsen
Biotop	in feuchten Prärien und Sümpfen sowie grasige Halbwüste in Wassernähe
Geographische Verbreitung	New York, Pennsylvania, Ohio, Michigan, Indiana, Illinois, Wisconsin, Minnesota, Missouri (USA)

148

Deutscher Name	***Mexikanische Zwergklapperschlange***
Wissenschaftlicher Name	Sistrurus ravus
Länge/Größe	60 cm
Nahrung	Mäuse, Vögel, Eidechsen
Biotop	im niedrigen Gras mit dornigem Gebüsch
Geographische Verbreitung	Südlicher Teil der Mexikanischen Hochebene

149

Deutscher Name	***Zwergklapperschlange***
Wissenschaftlicher Name	Sistrurus miliarius streckeri
Länge/Größe	50 cm
Nahrung	Insekten, Mäuse, Echsen, Frösche, Vögel
Biotop	in Pinien- und Kiefernwäldern sowie trockene und feuchte Prärien
Geographische Verbreitung	südwestl. Tennessee, westl. Mississippi bis zum südöstlichen Missouri, Arkansas, Oklahoma, Louisiana und Zentral-Texas (USA)

	150	**154**
Deutscher Name	***Zentralamerikanischer Buschmeister***	***Peru-Boa***
Wissenschaftlicher Name	Lachesis mutus stenophrys	Boa constrictor ortonii
Länge/Größe	3 m	3 m
Nahrung	Kleinsäuger	Kleinsäuger, Vögel
Biotop	Regen- und Trockenwald	Trockenwald
Geographische Verbreitung	Nicaragua, Costa Rica, Panama	nordwestl. Peru

	151	**155**
Deutscher Name	***Mauritius-Boa***	***Amaral-Boa***
Wissenschaftlicher Name	Casarea dussumieri	Boa constrictor amarali
Länge/Größe	1,20 m	3 m
Nahrung	Echsen	Kleinsäuger, Vögel
Biotop	steiniges Buschgebiet	Wald- und Wassernähe
Geographische Verbreitung	Round-Island (Mauritius)	Süd- und Südwestbrasilien, Südostbolivien

	152	**156**
Deutscher Name	***Königsboa, Südamerik. Abgottschlange***	***Argentinische Abgottschlange***
Wissenschaftlicher Name	Boa constrictor constrictor	Boa constrictor occidentalis
Länge/Größe	3,50 m	3 m
Nahrung	Kleinsäuger, Vögel	Kleinsäuger, Vögel
Biotop	Wald- und Wassernähe	Trockenwald und Pampas
Geographische Verbreitung	Trinidad, Tobago, Norden Südamerikas	Paraguay, Argentinien

	153	**157**
Deutscher Name	***Kaiserboa, Mittelamerik. Abgottschlange***	***Graubraune Regenbogen-Schlankboa***
Wissenschaftlicher Name	Boa constrictor imperator	Epicrates cenchria crassus
Länge/Größe	3 m	1,50 m
Nahrung	Kleinsäuger, Vögel	Kleinsäuger, Vögel
Biotop	Wald- und Wassernähe	Wälder
Geographische Verbreitung	südl. Mexiko, Mittelamerika, nordwestl. Südamerika	Paraguay, Südbrasilien

148

149

152

153

154

155

156

157

158

161

162

163

	158	***162***
Deutscher Name	***Kuba-Schlankboa***	***Gartenboa***
Wissenschaftlicher Name	Epicrates angulifer	Corallus enydris
Länge/Größe	2,5 m	2 m
Nahrung	Kleinsäuger, Vögel	Kleinsäuger, Vögel
Biotop	Buschwald, Mangrovendickicht	Urwald
Geographische Verbreitung	Kuba	Nordbrasilien, Ecuador, Peru, Guayana

	159	***163***
Deutscher Name	***Bimini-Boa***	***Ringelboa***
Wissenschaftlicher Name	Epicrates striatus fosteri	Corallus annulatus
Länge/Größe	2 m	1,20 m
Nahrung	Kleinsäuger, Vögel	Kleinsäuger, Vögel, Echsen
Biotop	Buschwald, Baumbewohner	Wald und Pflanzungen
Geographische Verbreitung	Bimini-Inseln	Costa Rica, Westkolumbien

	160	***164***
Deutscher Name	***Rote Regenbogenboa***	***Puerto Rico-Boa***
Wissenschaftlicher Name	Epicrates cenchria cenchria	Epicrates inornatus
Länge/Größe	1,80 m	1.20 m
Nahrung	Kleinsäuger, Vögel	Kleinsäuger, Vögel
Biotop	Wälder	Buschwald, Baumbewohner
Geographische Verbreitung	Mittleres Bolivien, Peru, Brasilien	Puerto Rico

	161	***165, 166***
Deutscher Name	***Haiti-Boa***	***Grüner Hundskopfschlinger,*** Jungtier
Wissenschaftlicher Name	Epicrates striatus striatus	Corallus caninus
Länge/Größe	2 m	über 2 m
Nahrung	Kleinsäuger, Vögel	Kleinsäuger, Vögel, Echsen
Biotop	Wälder	tropischer Regenwald
Geographische Verbreitung	Santo Domingo, Haiti	Brasilien, Peru, Ecuador, Venezuela, Bolivien, Guayana

	167	171
Deutscher Name	***Anakonda***	***Pazifik-Boa***
Wissenschaftlicher Name	Eunectus murinus	Candoia carinata carinata
Länge/Größe	8 m	1 m
Nahrung	Kleinsäuger, Vögel, Kaimane	Kleinsäuger, Vögel
Biotop	am und im Wasser	Urwaldränder
Geographische Verbreitung	Amazonasbecken, Kolumbien, Peru, Ecuador	Melanesien

	168	172
Deutscher Name	***Paraguay-Anakonda***	***Madagassische Boa***
Wissenschaftlicher Name	Eunectes notaeus	Acrantophis madagascariensis
Länge/Größe	3,25 m	3 m
Nahrung	Kleinsäuger, Lurche, Vögel, Fische	Kleinsäuger, Vögel
Biotop	tropische Sumpfgebiete	Waldgebiete
Geographische Verbreitung	Südbrasilien, Paraguay, Nordargentinien, Bolivien	nördliches Madagaskar

	169	173
Deutscher Name	***Rauhboa***	***Madagaskar-Boa***
Wissenschaftlicher Name	Trachyboa boulengeri	Acrantophis dumerili
Länge/Größe	40 cm	2 m
Nahrung	Lurche	Kleinsäuger, Vögel
Biotop	versteckt in Baumkronen	tropischer Regenwald
Geographische Verbreitung	Ecuador, Kolumbien	südliches Madagaskar und Réunion

	170	174
Deutscher Name	***Pazifik-Boa***	***Gefleckte Sandboa***
Wissenschaftlicher Name	Candoia bibroni bibroni	Eryx conicus
Länge/Größe	2 m	1 m
Nahrung	Kleinsäuger, Vögel	Kleinsäuger, Echsen
Biotop	tropische Urwälder	Wüsten und Steppen
Geographische Verbreitung	Ceram, Melanesien, Polynesien	Indien, Sri Lanka, Belutschistan

165

167

168

170

171

173

174

175

176

	175	179
Deutscher Name	***Madagassischer Hundskopfschlinger***	***Netzpython oder Gitterschlange***
Wissenschaftlicher Name	Sanzinia madagascariensis	Python reticulatus
Länge/Größe	2,50 m	9 m
Nahrung	Kleinsäuger, Vögel	Kleinsäuger, Vögel
Biotop	tropische Regenwälder	Urwald und Galeriewald
Geographische Verbreitung	Madagaskar	Südostasien bis Philippinen und Sunda-Inseln

	176	180
Deutscher Name	***Gummiboa***	***Kurz- oder Buntpython***
Wissenschaftlicher Name	Charina bottae	Python curtus
Länge/Größe	80 cm	3 m
Nahrung	Kleinsäuger, Echsen, Vögel	Kleinsäuger, Vögel
Biotop	Halbwüsten	tropischer Regenwald
Geographische Verbreitung	Britisch-Kolumbien bis Südkalifornien, östlich Montana, Wyoming, Utah (USA)	Malayische Halbinsel, Sumatra, Borneo

	177	181
Deutscher Name	***Kenya-Sandboa***	***Assala oder Felsenpython***
Wissenschaftlicher Name	Eryx colubrinus loveridgei	Python sebae
Länge/Größe	50 cm	5 m
Nahrung	Kleinsäuger	Kleinsäuger, Vögel
Biotop	Sandboden	bevorzugt dichten Bodenwuchs
Geographische Verbreitung	Ostafrika	Tropisches Afrika bis zum Südrand der Sahara

	178	182
Deutscher Name	***Timor-Python***	***Heller Tigerpython***
Wissenschaftlicher Name	Python timoriensis	Python molurus molurus
Länge/Größe	2 m	4,50 m
Nahrung	Kleinsäuger, Vögel	Kleinsäuger, Vögel
Biotop	Buschland und Trockenwald	Flußgebiete
Geographische Verbreitung	Timor, Flores (Indonesien)	Vorderindien und Sri Lanka

	183	***187***
Deutscher Name	***Dunkler Tigerpython***	***Schwarzkopfpython oder Woma***
Wissenschaftlicher Name	Python molurus bivittatus	Aspidites melanocephalus
Länge/Größe	7 m	2,5 m
Nahrung	Kleinsäuger, Vögel	Kleinsäuger, Vögel, Schlangen
Biotop	Waldränder	offener Wald und Waldränder
Geographische Verbreitung	Hinterindien, Südchina, Malayische Halbinsel, Insel Celebes und Sumbawa (Indonesien)	Nordaustralien

	184	***188***
Deutscher Name	***Königspython***	***Weißlippenpython***
Wissenschaftlicher Name	Python regius	Liasis albertisii
Länge/Größe	1,40 m	3 m
Nahrung	Kleinsäuger, Vögel	Kleinsäuger, Vögel
Biotop	Busch- und Grasgebiete	Galeriewälder
Geographische Verbreitung	Westafrika, Liberia bis Nigeria	Neuguinea, Salawati (Indonesien)

	185	***189, 190 191***
Deutscher Name	***Timor-Wasserpython***	***Grüner Baumpython, 189*** Jugendfärbung, ***190*** Übergangsfärbung
Wissenschaftlicher Name	Liasis mackloti	Chondropython viridis
Länge/Größe	2 m	1,80 m
Nahrung	Kleinsäuger, Vögel	Kleinsäuger, Vögel
Biotop	Wälder	tropischer Regenwald
Geographische Verbreitung	Timor, Sawu (Indonesien)	Neuguinea, Salomonen, Aru, Schouten-Inseln, Nordaustralien bei Cape York

	186	***192***
Deutscher Name	***Gefleckter Python***	***Diamantpython***
Wissenschaftlicher Name	Liasis childreni	Morelia argus argus
Länge/Größe	1,50 m	3 m
Nahrung	Kleinsäuger, Vögel	Kleinsäuger
Biotop	wasserreiche, felsige Gegenden	Buschland und Trockenwald
Geographische Verbreitung	Queensland, Torres-Strait-Inseln	Australische Küstengebiete von Neu-Südwales und Ost-Victoria, inneres Australien, Neuguinea, Tokelau-Inseln

◀180

181

182

183

184

185

186

188

189

190

◀192

193

194

195

	193	***195***
Deutscher Name	***Oliver-Python***	***Teppichpython***
Wissenschaftlicher Name	Liasis olivaceus	Morelia argus
Länge/Größe	3 m	3 m
Nahrung	Kleinsäuger, Vögel	Kleinsäuger, Vögel
Biotop	Regenwald, Waldgebiete, steinige Hügellandschaft	Wald- und Grasgebiete
Geographische Verbreitung	Küste und Hinterland von Nordaustralien, von Westaustralien und Queensland	Küstengebiete von Australien und Neuguinea

	194	***196***
Deutscher Name	***Amethystpython***	***Erdpython***
Wissenschaftlicher Name	Liasis amethystinus	Calabaria reinhardti
Länge/Größe	5 m	90 cm
Nahrung	Kleinsäuger	Mäuse
Biotop	Urwald	Tropenwald, unter Laub, in Höhlen
Geographische Verbreitung	Nordost-Queensland, Torres-Strait-Inseln, Neuguinea	westliches Äquatorialafrika